RAPPORT
SUR LA RAGE

Adressé à M. le Préfet de police de la Seine

SUIVI

D'OBSERVATIONS INTÉRESSANTES

ET UTILES A CONSULTER

PAR

AMÉDÉE HOUSSIN

VÉTÉRINAIRE A PARIS

Prix : **50** centimes

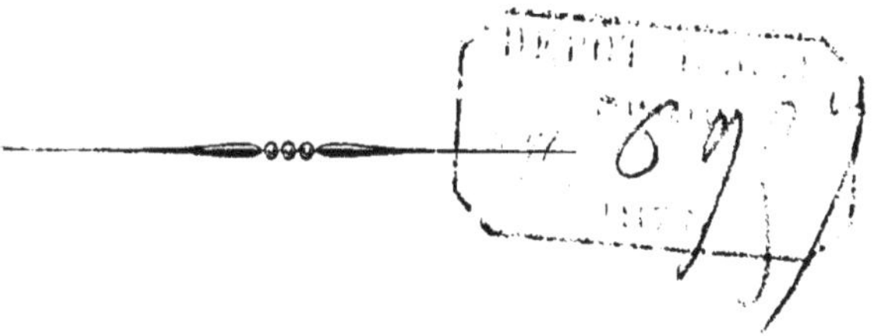

CLICHY

IMPRIMERIE PAUL DUPONT

12, RUE DU BAC-D'ASNIÈRES, 12

1875

RAPPORT

SUR LA RAGE

MONSIEUR LE PRÉFET DE POLICE DE LA SEINE,

Le public, frappé de la progression croissante des cas de rage humaine, se préoccupe avec raison des moyens à employer pour en réduire le nombre, et verrait, j'en suis sûr, avec plaisir l'Administration, à la vigilance de laquelle sont confiées la sécurité commune et la conservation de la santé, prendre une décision efficace sur cet important sujet.

Pour cela, l'Administration, incompétente par elle-même, peut avoir besoin de connaître les opinions des hommes spéciaux exerçant la médecine vétérinaire.

Déjà, plusieurs praticiens ont publié dans des rapports académiques ou dans des écrits particuliers les mesures qu'ils croyaient les meilleures pour arrêter, chez le chien, les progrès de cette terrible maladie.

Permettez-moi, monsieur le préfet, de venir à mon tour vous faire part de mon opinion, fondée sur de nombreuses observations personnelles.

Depuis quinze ans, je me suis spécialement attaché dans mes observations à l'étude des causes de la rage et ai recueilli sur ce sujet un grand nombre de faits pratiques très-concluants; quelques-uns ont été publiés dans l'**Abeille médicale**, nos de février, mars, avril 1869; janvier, février, mars 1870. Beaucoup d'autres, inédits, m'ont pénétré de cette conviction intime et profonde, qui ne s'acquiert que dans la pratique médicale et par le renouvellement incessant des mêmes faits se reproduisant dans des conditions identiques, à savoir : **que la spontanéité de la rage chez le chien est un fait certain.**

Je l'affirme, malgré les dénégations de quelques-uns de mes confrères et le doute dans lequel se renferment beaucoup d'autres.

J'ajoute que ce doute m'étonne, car je suis sûr que tous les vétérinaires exerçant dans les grandes villes où l'on pratique généralement la médecine canine ont été plusieurs fois témoins d'histoires comme la suivante ou d'autres analogues :

« M. André, demeurant à Clichy, 142, route de la Révolte, est venu le 20 mai dernier requérir mes soins pour une grosse chienne terre-neuve, sous poil pie noir blanc, âgée de quatre ans, malade depuis la veille, et à laquelle on avait, quinze jours auparavant, retiré deux petits qu'elle affectionnait beaucoup. Devenue triste après cette séparation, cette chienne perdit peu à peu l'appétit et, le 19 mai, sa souffrance, ses hurlements sourds et à leur suite la salive écumeuse s'écoulant par la commissure des lèvres; ses yeux fixes, sanguinolents, sa langue rouge, firent peur au propriétaire qui, sur mon conseil, conduisit sa malade à mon hôpital d'Asnières, où elle succomba le 25, après vingt-quatre heures d'horrible agonie, à la suite d'une paralysie, dernière phase de la rage tranquille. »

M. et madame André, rassemblant leurs souvenirs, m'ont affirmé que leur chienne, peu coureuse et affectée à la garde de la maison, ne sortait jamais et n'avait pu être en contact avec un chien enragé.

Si ce fait était unique, ceux qui nient la spontanéité de la rage et ceux qui n'osent pas se prononcer pourraient n'y attacher aucune importance et dire que la vigilance de M. André a pu être un instant en défaut. Mais ce fait se produit tous les jours dans la pratique. Ces nombreuses observations, groupées annuellement dans mon esprit, rapprochées de celles qui ont été publiées dans les différents journaux vétérinaires, de celles que j'ai rapportées dans les numéros de l'**Abeille médicale** cités plus haut, m'ont fait acquérir la conviction que **la rage du chien est spontanée dans le tiers des cas que nous voyons se produire, et qu'elle est toujours la conséquence d'une irritation assez grande pour amener un trouble cérébral.**

Telle est l'opinion que j'ai acquise par la pratique et l'étude du fait brutal. Ce que j'ai constaté, c'est que cette horrible maladie se développe chez les chiens, **de toute pièce, sans virus ni ferment**, et qu'une fois née, elle acquiert la funeste propriété, que tout le monde connaît, de se reproduire par inoculation.

Voici donc, selon moi, les deux seules et uniques causes de la rage :

1° **La contagion ;**

2° **Les contrariétés de toute nature.**

La contagion de la rage en est la cause la plus fréquente. J'estime qu'elle occasionne les deux tiers des accidents. L'autre tiers est la part de l'irritation cérébrale causée par les mécontentements de toute sorte, parmi lesquels il faut mettre en première ligne ceux qui proviennent de l'**éréthisme des organes génitaux.**

Quand je dis irritations, mécontentements, excitations de toute nature, je n'entends pas l'effet rapide que produit sur un chien une chiquenaude ou un coup de martinet, mais une action soutenue pendant un temps assez long pour que le cerveau du chien en soit affecté et retienne le souvenir de la violence ou de la contrainte dont il a été l'objet.

L'influx nerveux joue un très-grand rôle dans le développement spontané de la rage : car, c'est un fait digne de remarque, tous les chiens que j'ai vus en être atteints étaient des animaux supérieurs en intelligence.

Quoi qu'il en soit, malgré les difficultés qu'éprouvent les théoriciens à expliquer le phénomène, intéressant pour la science du développement du virus rabique, et quelque doctrine médicale que l'on professe au point de vue de l'étiologie de la rage, un fait reste constant : **c'est que cette maladie fait des progrès.** Un autre fait me frappe : c'est que, si les praticiens ne sont pas d'accord sur les questions étiologiques, ils devraient l'être sur **les mesures à prendre pour atténuer les chances du mal.**

Je ne passe pas en revue les différents moyens qui ont été préconisés depuis quelque temps et qui tous peuvent avoir des avantages, mais qui pour la plupart, présentant des inconvénients, rencontreront dans la pratique des difficultés insurmontables. J'arrive de suite à ma proposition.

Dans l'état actuel des choses, quatre prescriptions me paraissent indispensables et d'une application facile :

1° Exiger que tout chien soit porteur d'un collier réglementaire, portant son numéro d'inscription à la mairie et l'adresse de son propriétaire. Saisie et abatage, après trois ou quatre jours de fourrière, de tout chien rencontré sans collier sur la voie publique; frais d'arrestation et de fourrière au compte du propriétaire, si la bête est réclamée.

2° Exiger que tout propriétaire d'un chien en ait acquitté la taxe dans les deux premiers mois de l'année. Saisie et abatage impitoyable de tous les chiens pour lesquels cette prescription aurait été négligée.

3° Exiger que tout propriétaire d'une chienne en rut la conserve chez lui, l'enferme soigneusement pendant cette période. Infliger une amende aux délinquants, la confiscation de la bête aux insolvables.

4° Conseiller la castration des chiens et des chiennes.

La première de ces prescriptions est admise par tout le monde au moins dans sa première partie ; la seconde, en étant la conséquence et la sanction, sera également acceptée. Je n'ai donc pas besoin d'en faire ressortir les avantages.

La deuxième prescription serait tout à fait légale si la loi du 22 mai 1855 (mise en vigueur par le décret du 4 août même année et modifiée par le décret du 3 avril 1861), sur la taxe des chiens, avait prévu le cas, assez commun dans l'espèce, des propriétaires de chiens insolvables et insaisissables.

Il faudrait donc à cette loi un article additionnel. Mais à son défaut, je crois qu'on peut y suppléer par une ordonnance qui contribuerait plus à réduire le nombre des sujets malfaiteurs de la race canine que la loi elle-même. La loi n'est rien pour beaucoup de propriétaires de chiens inutiles, je dirai même nuisibles, attendu que la pénalité infligée par cette loi ne peut les atteindre. On ne peut que les frapper dans la possession pour laquelle ils sont redevables; et en agissant ainsi on trouverait un double avantage : car l'ouvrier possesseur d'un chien auquel il est attaché fera pour le conserver des économies qui rentreront dans les caisses municipales; d'un autre côté, l'administration pourra agir sûrement et débarrasser en 15 jours une contrée de tous les animaux parasites, dont les services sont nuls et les méfaits très-graves et très-nombreux.

La troisième prescription est utile et nécessaire ; chacun en comprendra la portée. Tout le monde l'approuvera. Si elle était acceptée et mise en pratique, elle aurait pour immense avantage de faire cesser non-seulement les excitations des chiens entre eux, causes de bien des maux, mais encore ces scènes scandaleuses pour la morale que l'on voit tous les jours et en tout temps se produire sur la voie publique.

Quoi de plus ignoble en effet que l'accouplement de chiens et chiennes autour desquels rôdent cinq ou six amoureux qui après maintes batailles font chacun à leur tour des efforts inutiles pour contenter l'envie qui les dévore; autour desquels rôdent aussi, très-souvent, gamins et gamines qui, tout en cherchant à s'expliquer le mystère (pour eux) de la génération, retiennent mieux qu'une leçon de morale tous les propos grossiers que les passants ne manquent pas de débiter?

La quatrième prescription est un simple conseil que je préconise dans le but d'ôter aux chiens et aux chiennes un sujet d'excitation de toutes sortes. Les testicules et les ovaires ne peuvent que produire en effet inquiétudes, désirs violents, mécontentements, irritations, colères outrées, violences, chagrins, qui amènent presque toujours un trouble dans les fonctions des organes digestifs, comme si les nerfs grand-sympathique et pneumo-gastrique étaient affectés les premiers, et peuvent quelquefois déranger aussi le rouage cérébral. Supprimez ces organes inutiles pour les différents services auxquels les chiens sont destinés et sans lesquels ils possèdent les mêmes aptitudes, vous aurez par cette **simple et facile opération** ôté à la cruelle maladie dont je m'occupe beaucoup de chance de naître spontanément. Ajoutez à ces avantages celui de pouvoir conserver et améliorer nos races actuelles, si négligées, et vous conviendrez, je l'espère, que ma proposition doit être prise en sérieuse considération.

Telles sont, monsieur le préfet, les idées que je professe sur les manifestations de la rage et mon opinion sur la manière la plus efficace d'en arrêter les ravages.

Je termine en disant :

Tous les remarquables discours académiques des Eug. Renault et H. Bouley d'Alfort ne valent pas, au point de vue de la prophylaxie de la rage, une ordonnance de police.

OBSERVATION

POUR SERVIR A L'HISTOIRE DE LA CONTAGION DE LA RAGE,

PAR

AMÉDÉE HOUSSIN, VÉTÉRINAIRE A PARIS.

(Extrait de l'*Abeille médicale*, n° de février 1869.)

L'année qui vient de s'écouler a été extrêmement féconde en cas de rage, et les observateurs placés dans les lieux où la population canine est grande ont été à même de recueillir des faits intéressants qu'ils doivent s'empresser de publier, afin de contribuer à éclaircir autant que possible l'histoire de cette obscure et terrible maladie.

Désirant, pour ma part, acquitter une dette que je voudrais voir imposée à tous ceux qui, comme moi, s'occupent spécialement de la médecine des animaux, je vais raconter aujourd'hui, en peu de mots, un exemple curieux de transmission de la rage par contagion au chien et non à l'homme.

Le 30 mai 1868, M. X... vint me consulter pour un petit chien-loup, sous poil blanc, âgé de trois ans, qui, depuis deux jours, refusait toute espèce de nourriture.

Après un examen sérieux, et surtout après avoir constaté sur le facies inquiet, hébété de cet animal, encore docile et obéissant à la voix de son maître, un regard fixe, résolu, une propension à se porter sans calcul d'un point à un autre de la salle ; après l'avoir vu se tenir debout pendant quelques secondes dans un coin sombre, les yeux fixés contre une muraille pour, de suite après, revenir dans un autre coin ; après lui avoir présenté une tige de fer sur laquelle il s'est émoussé les dents, j'avais l'intime conviction que j'étais en présence d'un animal atteint de la rage.

En pareille circonstance, et avant de faire part au client d'un diagnostic aussi effrayant, le médecin doit s'enquérir des antécédents de l'animal soumis à son inspection; car il peut arriver que le conducteur du chien dangereux ait été mordu lui-même, ou quelqu'un de sa famille. Dans ce cas, il est bon de lui taire le nom de la maladie que l'on vient d'observer, afin d'éviter les accidents que détermine trop souvent chez l'homme l'influence cérébrale.

Dans le cas qui nous occupe, personne n'avait été mordu, sauf le petit chien d'un voisin. Je fis donc part de mes convictions à M. X..., et, sur mon conseil, il se décida à faire de suite le sacrifice de son fidèle animal.

Le moyen que je mets depuis longtemps en pratique pour ces sortes d'exécutions présente des avantages que tous les praticiens ne connaissent peut-être pas. Il a pour lui le mérite d'être prompt et de n'exposer personne à la contagion. Il consiste à prendre une petite baguette au bout de laquelle je fixe un tout petit morceau d'éponge que j'imbibe de cinq à six gouttes d'acide cyanhydrique au septième. En excitant un peu l'animal, il vient saisir le bout de la baguette et chercher ainsi lui-même une mort foudroyante, mais cent fois préférable aux angoisses de l'agonie à laquelle il est fatalement voué.

J'ai dit tout à l'heure que l'animal dont je viens de retracer les derniers moments avait mordu dans le début de sa maladie le petit chien d'un voisin, avec lequel il avait l'habitude de jouer. Or, le chien en question, de race terrière, appartenant à M. Z..., présenta, le 13 juin suivant, c'est-à-dire quinze jours après sa morsure, des signes assez inquiétants pour que l'on vînt requérir mes soins. Je me rendis le 14 à l'adresse ci-dessus, où l'on me raconta ce que je savais déjà. On me conduisit ensuite dans une petite cour où l'animal suspect se trouvait avec sa mère qu'il n'avait cessé de téter et à la tendresse de laquelle il insultait par des morsures réitérées.

Un coup d'œil suffit pour baser mon diagnostic. Mais avant de causer, je m'enquis, comme d'habitude, des méfaits qu'aurait pu commettre l'animal pour lequel on me consultait. J'appris par M. et madame Z..., qui me suppliaient de leur dire la vérité, que tous deux avaient été mordus la veille à différentes reprises, en essayant de faire prendre à leur petit malade une potion purgative.

Pour les rassurer, je fis de mon mieux. Dans le but de leur cacher le danger qu'ils couraient et surtout pour les décider à se séparer d'un petit être dangereux qu'ils avaient en grande affection, je fus obligé d'inventer une théorie qu'Esculape aurait condamnée et qui, j'en suis sûr, répugnerait au plus ignorant des empiriques. Toujours est-il que je parvins à les convaincre, et que, séance tenante, employant le moyen que j'ai décrit plus haut, je faisais en un clin d'œil, à la mort, une victime nouvelle, et à la contagion rabique, une source de moins.

Les morsures conséquences de l'imprudence de mes clients dataient de la veille, et du même jour au matin M. Z... portait sur les deux mains douze écorchures linéaires, de longueur variée, déjà recouvertes d'une mince couche de sérosité coagulée, produites par les dents acérées du jeune chien, qui, après avoir soulevé l'épiderme, avaient pénétré plus ou moins profondément dans l'épaisseur du tissu cutané. Sa dame portait sur une seule main six ou sept petites blessures présentant identiquement tous les caractères ci-dessus relatés.

Dans l'espèce canine la dent de lait est fine comme la pointe d'une grosse épingle, et la blessure qu'elle détermine forme un petit sillon semblable à celui que fait la griffe d'un chat, qui coupe l'épiderme, met le derme à nu, condition très-favorable pour l'absorption du virus.

Dans cette occurrence, persuadé, d'une part, que la cautérisation était illusoire pour des morsures déjà si anciennes par rapport à la rapidité de l'absorption du virus, et craignant, d'autre part, des reproches sérieux dans le cas où un accident rabique viendrait frapper l'une des victimes, je les priai de me suivre chez un pharmacien voisin, où, sous prétexte de précautions, après avoir enlevé les petites croûtes qui recouvraient les blessures, je promenai sur celles-ci, à plusieurs reprises, un pinceau imbibé d'une forte solution de nitrate acide de mercure. J'obtins ainsi une large cautérisation qui mit M. Z... hors d'état de travailler pendant quelques jours, mais après laquelle toutes ses plaies se cicatrisèrent parfaitement.

La chienne dont j'ai parlé, et qui avait été mordue au même moment que ses propriétaires, ne reçut aucun soin prophylactique, vu le grand nombre des morsures et le long temps écoulé depuis que les morsures avaient été faites. On se contenta, d'après mes conseils, de la tenir enfermée.

Le 1er juillet, M. Z... vint lui-même me présenter sa belle chienne, de race bull-terrière, sous poil bringé, âgée de cinq ans, en me disant que depuis la veille elle ne mangeait pas et qu'elle jetait parfois des cris sourds qui l'effrayaient. Cet animal avait déjà, avec l'angine caractéristique de la rage, un commencement de paralysie du train postérieur qui le faisait tituber à la façon d'un moderne Silène.

Après avoir fait tout mon possible pour éloigner de l'esprit de mon client toutes mauvaises pensées, après lui avoir assuré que la maladie de son cher animal n'était qu'un simple mal de gorge parfaitement curable en quelques jours de traitement, il se décida à me le laisser en observation.

Le 2 juillet, l'état du malade indiqué plus haut n'a pas sensiblement changé : voix cassée, rauque ; désir fréquent de boire ; salive abondante ; agitation continuelle ; paralysie incomplète des membres postérieurs.

Le 3, la paralysie a fait des progrès énormes. — Le malade, étendu sur la litière, agite ses membres qui se refusent à le soutenir ; il ne répond plus à la voix qui l'appelle ; il est tout à fait indifférent à tout ce qui se passe autour de lui ; son corps, par instants inanimé, s'épuise bientôt en mouvements désordonnés ; son aboiement est une plainte faible, profonde et sourde, qui donne la mesure des douleurs qu'il éprouve.

Enfin, l'agonie, commencée le 3, se termina dans la matinée du 4, par des cris étouffés et les contractions extraordinaires que détermine presque toujours la mort par asphyxie.

Pour calmer les inquiétudes de M. Z..., qui me pressait de questions au sujet de cette mort à laquelle il ne s'attendait pas, je dus m'attirer ses malédictions en lui déclarant que mon employé, s'étant trompé de flacon, avait administré à son malade une substance toxique au lieu d'un vomitif que j'avais ordonné. Il s'en fut mécontent, blasphémant, presque m'injuriant, mais certain que sa chienne regrettée avait été victime d'une maladresse.

De l'exposé qui précède, on peut conclure que la rage s'est communiquée par inoculation à deux sujets de l'espèce camine, tandis que deux personnes mordues dans des circonstances on ne peut plus favorables à l'absorption du virus n'ont encore éprouvé, à l'instant où j'écris, c'est-à-dire huit mois après la morsure, aucun symptôme alarmant. Si, comme on peut l'espérer, elles sont préservées pour toujours des atteintes de la rage, elles doivent leur salut, non pas à la cautérisation tardive de leurs blessures, mais bien à cette force vitale insaisissable qui rend certaines économies réfractaires à l'action du virus.

Bien pénétré de cette vérité, le public intelligent cessera bientôt de reconnaître une vertu particulière à l'étole de saint Hubert et aux différentes panacées plus ridicules les unes que les autres qui ont cours encore aujourd'hui, et qui forment, à la ville comme à la campagne, autant de superstitions médicales qu'il importe de détruire.

OBSERVATIONS

POUR SERVIR A L'HISTOIRE DE L'ÉTIOLOGIE DE LA RAGE,

PAR

AMÉDÉE HOUSSIN VÉTÉRINAIRE A PARIS.

(Extrait de l'*Abeille médicale*, nº de mars 1869.)

Les phénomènes de la nature présentent des variations tellement grandes qu'il est impossible de leur appliquer une nomenclature. Supposons pour un instant qu'on puisse les diviser sous le rapport de leurs qualités, en bons et en mauvais. Nous serons tout naturellement portés à réprimer les uns et à favoriser de tout notre pouvoir la naissance des autres. Mais pour ceci faire, il est une condition indispensable : c'est la connaissance exacte des circonstances au milieu desquelles ces phénomènes apparaissent.

Depuis les temps les plus reculés jusqu'à nos jours, l'esprit humain a fait d'innombrables efforts pour pénétrer les secrets de la nature, et si, à force de labeurs, d'investigations et de recherches, nous sommes parvenus à déchirer le voile à l'ombre duquel se produisent quelques phénomènes naturels, il en est une infinité d'autres sur lesquels nous essayons en vain de jeter quelque lumière. C'est pour ceux-là, sans doute, que Virgile disait cinquante ans avant Jésus-Christ :

Felix qui potuit rerum cognoscere causas.

En attendant ce *felix*, tant désiré par tous les savants médecins qui ont consacré leur vie entière à l'étude des causes des maladies et qui ont quitté la terre avec le regret de n'y laisser qu'une œuvre à peine ébauchée, je vais faire connaître deux cas de rage qui se sont produits dans des circonstances que je crois utile de publier.

1er *Cas.* — M. X... (demeurant à Clichy, 128, boulevard Saint-Vincent-de-Paul) était possesseur d'une petite chienne loute, à long poil noir et blanc, âgée de quatre ans. L'instinct génésique se fit sentir chez cet animal vers le milieu du mois de mai dernier. Pour soustraire sa fidèle compagne aux caresses empressées des chiens voisins et surtout dans le but de l'empêcher de reproduire, M. X... crut devoir l'enfermer pendant toute la durée du rut, dans une chambre obscure, où il avait placé des vivres à profusion.

Pendant six jours l'amoureuse prisonnière, tourmentée, d'un côté, par des besoins vénériens, de l'autre, par une séquestration inaccoutumée, ne prit ni repos ni nourriture. La nuit comme le jour, elle grattait et mordait la porte de sa cellule en poussant des cris suppliants. La liberté qui lui fut rendue le septième jour, au lieu d'exciter sa joie, la rendit sombre, mécontente. Le lendemain elle continua à refuser la nourriture et à priver son maître des caresses qu'elle lui prodiguait avant son incarcération. Dans l'après-midi du même jour, elle s'échappa furtivement et se rua sur les quelques chiens qu'elle trouva sur son passage.

Effrayé par la tristesse, l'inappétence de sa chienne, et surtout par les actes de méchanceté auxquels elle s'était livrée la veille, M. X... vint, le 19 mai, me prier de lui rendre une visite, en me faisant le récit que je viens de reproduire.

Les symptômes que j'observais sur cette malade étaient tellement vagues qu'il était impossible de porter un jugement certain. Cependant mon diagnostic basé sur les commémoratifs fut confirmé, le 20, par une paralysie générale, et le 21, par la mort produite évidemment par la rage.

Les chiens mordus, le 16 mai, par l'animal que nous venons de voir succomber, étaient tous inconnus, sauf une chienne blanche, à poil ras, appartenant à un voisin, qui, quoique étant de plus forte taille, avait été roulée à deux reprises différentes par la malade.

Sans causes appréciables, excepté les morsures qui lui avaient été faites le 16 mai, la chienne blanche présenta, le 15 juin suivant, les symptômes les plus saillants de la rage mue. Conduite dans mon infirmerie, elle y succomba le 19 juin, c'est-à-dire trente-quatre jours après ses morsures.

2e *Cas*. — Le 5 juillet dernier, je fus appelé par M. X... (à Clichy, 64, rue Marthe), pour donner des soins à un chien berger à long poil fauve, atteint depuis la veille d'une fracture du tibia droit. Après avoir réduit la fracture et avoir appliqué sur le membre un bandage contentif à la dextrine, je recommandai, outre la diète et une boisson laxative, de tenir le malade enfermé et de bien veiller à la conservation de son pansement. Mais on tint peu compte de mes conseils : on laissa pleine liberté à notre malade, qui n'ayant pas conscience de son mal, malgré une intelligence très-développée, se livra à des allées et venues continuelles; de sorte que deux jours après son application, le premier bandage ébranlé avait permis la disjonction des abouts osseux; force me fut de recommencer. Le jour suivant, on vint me prier de venir refaire un troisième pansement, après lequel j'insistai de nouveau pour qu'on tînt enfermé ou attaché mon indocile malade. Enfin quatre jours plus tard, le troisième pansement, auquel j'avais apporté les soins les plus minutieux, ne tenait plus du tout : une éclisse en avait été à moitié retirée par les dents de l'animal. En faisant le quatrième pansement, j'obtins enfin de mes clients de faire attacher le malade dans la cuisine, et de le faire museler de façon à l'empêcher, d'une part, d'abîmer son bandage avec ses dents et de l'autre de se livrer toute la journée à un exercice qui ne pouvait que retarder la formation du cal osseux.

La contention déplut souverainement à notre patient : car le premier jour, il ne cessa de gémir, semblant implorer la liberté par ses cris prolongés. Le deuxième jour, il fit les mêmes prières, toujours d'un ton suppliant. Le troisième jour, ses cris plaintifs s'accompagnèrent de grosses larmes; il se tourmenta beaucoup et perdit l'appétit. Moins empressé le quatrième jour, il parut insouciant. On aurait pu croire qu'il cherchait à s'habituer à l'esclavage Cependant la tristesse, l'inappétence, des cris sourds, une salive écumeuse et filante s'échappant par les commissures des lèvres, firent penser que cette espèce de soumission était la conséquence d'un état maladif. La liberté lui fut donc rendue; mais les symptômes alarmants n'en persistèrent pas moins. Appelé le lendemain, 17 juillet, je constatai le tableau le plus complet des signes de la rage mue, qui suivit son cours habituel et emporta le malade dans la journée du 18 juillet, comme je l'avais aunoncé.

Je relate ces deux exemples très-succinctement et sans aucun commentaire, me réservant, après une étude plus approfondie et des cas plus multipliés, d'en tirer des instructions utiles pour la prophylaxie de la rage canine. En dirigeant mes efforts de ce côté, mon but n'est pas seulement de servir la médecine vétérinaire, mais encore de contribuer à effacer, si faire se peut, de la nosologie humaine une affection qui fait annuellement un nombre considérable de victimes.

AUTOPSIE D'UN CHIEN RÉPUTÉ ENRAGÉ, PAR M. AMÉDÉE HOUSSIN, VÉTÉRINAIRE A PARIS.

(Extrait de l'*Abeille médicale*, nº d'avril 1869.)

Je regrette de ne pouvoir donner à ma narration d'aujourd'hui un titre plus euphonique. Il ne m'appartient pas de reviser les expressions consacrées par la langue française, par conséquent je dois nommer les êtres par les noms sous lesquels ils sont connus.

Convenons cependant que le meilleur de nos amis, que notre plus fidèle gardien, porte en France un nom générique qui n'inspire que du mépris. Loin d'imiter les peuples anciens, hébreu et grec, chez lesquels le chien était en grande admiration et chez lesquelles aussi il portait un nom en rapport avec l'affection dont il était l'objet, nous nous servons pour le nommer d'une expression triviale, peu en rapport avec son caractère intime et surtout avec les services journaliers qu'il nous rend.

Le chien-loup, de forte taille, à longue toison blanche, âgé de deux ans, dont je veux entretenir le lecteur pénétra, dans la matinée du 5 février dernier, dans l'étal de M. Defresnes, marchand boucher, 10, rue de Paris, à Saint-Ouen (Seine), d'où il fut chassé après toutefois avoir cherché querelle et avoir mordu dans différents endroits une chienne terrière appartenant à la maison.

Le même malfaiteur, pourchassé de la basse-cour de madame veuve Crétu, où il avait, entre autres dommages, arraché la queue d'un joli coq, revint, dans l'après-midi du même jour, élire domicile dans la cour du boucher, où se trouvait une chèvre sur laquelle il se rua furieusement, jusqu'à l'arrivée d'un garçon d'étal qui, armé d'un énorme bâton, l'exécuta à la manière des animaux de boucherie.

Le lendemain, M. Defresnes, craignant que son visiteur de la veille ne fût atteint d'une maladie contagieuse et désireux de connaître en pareil cas les mesures nécessaires pour, sinon prévenir la contagion, du moins éviter les accidents qu'elle pourrait produire, me fit conduire le cadavre du chien abattu chez lui, avec prière d'en faire l'autopsie.

Les organes pectoraux ne présentent rien d'anormal. Les organes abdominaux, le foie, la rate, les reins, sont sains ; la vessie est distendue par de l'urine non altérée ; l'estomac se trouve dans un état de vacuité complet ; ses parois, un peu plissées autour de l'œsophage, présentent partout une teinte normale. Je n'ai remarqué, sur le sommet des plis, ni ulcérations, ni même d'infiltrations sanguines si communes chez les chiens qui succombent à la rage.

L'intestin grêle, ouvert dans toute son étendue, contient, noyé dans du mucus intestinal, un énorme ténia pelotonné, comme on en observe assez communément chez le chien. Du reste pas de matière en voie de digestion. Je n'ai trouvé aucun excrément dans les derniers intestins.

La tête, considérée extérieurement, présente une fracture complète des os du crâne, causée par l'abatage. La gueule paraît remplie d'une salive épaisse, à laquelle serait mêlée de la terre ou de la boue, qui donne aux muqueuses apparentes une teinte brun foncé.

Après avoir, par deux incisions latérales intéressant la peau des joues et les masséters, mis à nu les deux branches montantes du maxillaire inférieur; après avoir, au moyen d'un trait de scie pratiqué sur ces os, désuni les deux mâchoires, je disséquai avec soin la paroi pharyngienne droite, désarticulai la grande branche correspondante de l'hyoïde et incisai la muqueuse de ce côté depuis le voile du palais jusqu'à l'œsophage; puis, en me servant de l'hyoïde gauche comme charnière, je pus ouvrir, à la manière d'un livre, les premières voies digestives et aériennes, et en étudier la muqueuse conservée intacte dans ses différents replis.

La tête, ainsi ouverte, détachée du tronc et plongée dans un sceau d'eau, se débarrassa du limon qui l'entourait. La langue, les muqueuses buccales et pharyngiennes apparurent alors avec leur couleur normale. Mais je fus surpris de voir, sur la base de la langue, logées dans les deux gouttières formées par les replis de la muqueuse à l'entrée du pharynx et comme interposées entre les couches de cette muqueuse, deux petites élevures de la grosseur et de la forme d'un petit haricot-flageolet, d'une consistance molle, d'une couleur brune hépatique, tranchant avec la couleur blanche du tissu environnant. Je regrette de ne pouvoir donner aucun détail sur la nature ou le contenu de ces vésicules qui m'ont paru représenter les lysses que des auteurs recommandables ont observées pendant la première période de la rage.

Je n'ai point examiné le cerveau, dont la masse avait été ébranlée par les violentes contusions dont j'ai parlé.

En résumé, le cadavre soumis à mon examen n'a rien présenté de particulier, sauf ces deux vésicules dont j'ai donné de mon mieux la description extérieure, sans pouvoir rendre compte de la nature de leur substance, à cause d'un accident indépendant de ma volonté (mon domestique ayant livré à l'équarrisseur, en mon absence, le cadavre en question, sans oublier la tête que j'avais cependant mise de côté, me réservant d'en faire, après mes courses, une étude plus complète.)

Avant de terminer cette observation, que je publie à cause des deux glandes anormales que j'y ai rencontrées, je dois avouer que j'ai cru, en basant ma pensée autant sur les commémoratifs que sur l'absence complète de matières alimentaires dans le tube digestif, que j'ai cru, dis-je, cet animal malade au moment de son abatage. En conséquence j'ai conseillé à M. Defresnes de tenir sa chienne en observation au moins pendant cinquante jours et de laisser la chèvre à ses habitudes, vu le peu de danger offert par la rage des petits ruminants. Cependant plus de deux mois se sont écoulés depuis l'histoire que je viens de rapporter, et ces deux animaux n'ont encore rien éprouvé.

OBSERVATION

POUR SERVIR A L'HISTOIRE DE L'INCUBATION DE LA RAGE.

(Extrait de l'*Abeille médicale*, nº de janvier 1870.)

Dans le numéro du 19 avril dernier de la **Revue vétérinaire** (page 155) j'ai publié la relation de l'autopsie d'un chien qui avait été abattu après avoir mordu quelques animaux et sur la base de la langue duquel j'ai constaté l'existence de deux vésicules en tout semblables aux lysses décrites par Marochetti, et observées depuis cet auteur par Aurias Turenne et par plusieurs vétérinaires.

Les lecteurs de la **Revue** doivent se rappeler que l'animal dont j'ai été chargé de faire l'autopsie avait mordu, le 5 février dernier, une chienne et une chèvre appartenant à M. Defresnes, marchand boucher à Saint-Ouen. Ce fut précisement pour donner des soins à la chèvre mordue le 5 février que le sieur Defresnes me fit requérir dans l'après-midi du 16 août.

Le jeune homme qui vint me chercher me raconta qu'étant chargé du soin de la chèvre il l'avait conduite la veille, c'est-à-dire le 15 août, après la traite du matin (dont le lait servit comme de coutume au déjeuner de madame Defresnes jeune) dans le champ de luzerne où il avait l'habitude de la faire paître tous les jours. Quand il vint la chercher le soir, il la trouva bêlante au bout de sa longe. Il s'aperçut bien qu'elle n'avait pas mangé beaucoup, mais il s'est figuré qu'un chien était venu la tourmenter et même la mordre, car elle portait une plaie assez grande à la patte gauche de devant. Rentré à la maison, il conta l'aventure à sa patronne, qui s'empressa d'appliquer sur la plaie une compresse d'eau-de-vie camphrée. La petite bête se prêta à merveille à ce pansement; mais elle ne donna pas de lait et ne prit aucune nourriture. Elle paraissait inquiète, se tenait constamment debout et bêlait très-souvent.

Tous ces signes n'effrayèrent pas les habitants de la maison: ils connaissaient tous l'histoire supposée de la journée, et la croyaient toujours sous l'impression de l'effroi qu'avait dû lui causer le soi-disant chien enragé qui était venu la mordre si cruellement à la patte.

La nuit fut mauvaise, l'animal ne reposa pas. Ses bêlements furent incessants et de plus il frappa avec ses cornes contre la muraille, car madame Defresnes mère, qui a sa chambre au-dessus de l'écurie où se trouvait la malade, fut éveillée plusieurs fois par un bruit semblable à celui que produiraient des coups de marteau contre une muraille. Ce ne pouvait être que la chèvre frappant avec ses cornes et bêlant d'une façon lamentable.

Le 16 au matin, tous les gens de la maison furent surpris de l'état d'exaspération dans lequel se trouvait la petite chèvre ordinairement si calme. « Elle était folle, me dit le jeune « homme, elle criait, elle mordait tout à la fois ; elle se jetait « sur tout ce qu'elle voyait devant elle, et se dévorait avec les « dents la patte gauche de devant. C'est alors que nous avons « commencé à croire qu'elle s'était mordue elle-même la veille, « et que le patron m'a dit de venir vous chercher sitôt après « mes courses. »

Cette chèvre, âgée de 5 ans, de taille moyenne, à longs poils gris, à mamelles très-développées, ornée de ses cornes, se tient constamment levée, au bout d'une forte longe qu'elle a mouillée de sa salive et ramollie par places, en la mâchant entre les incisives inférieures et le bourrelet supérieur. La tête en l'air est sans cesse agitée ; le regard est animé ; la bouche, ouverte par des bêlements prolongés, ne laisse pas écouler de salive ; la voix ne paraît pas altérée ; elle est, au dire des assistants, aussi perçante qu'à l'état normal. Dans l'obscurité, elle hurle, frappe des cornes et des pieds de devant, se tourne incessamment à droite, à gauche, piétine sans cesse en gémissant. En éclairant son écurie, elle se précipite sur le premier objet venu, elle en veut surtout à la chienne de la maison, qui comme elle a été mordue le 5 février par le chien dont l'histoire nous est connue. Elle pousse à sa vue des cris plus profonds, et s'élance au bout de sa longe d'aussi loin qu'elle l'aperçoit. Elle s'est précipitée aussi sur un cheval qu'elle voyait dans la cour, et elle se serait certainement jetée sur les personnes si quelqu'un s'était mis à sa portée. Elle a mis en pièces, avec les dents et les pieds de devant, une serviette que je lui ai jetée. Elle a écrasé avec les molaires un manche de fouet que je lui ai présenté. Elle s'est brisé les incisives sur un tisonnier que je tenais devant elle. Je ne l'ai pas vue se mordre ; mais je puis affirmer avoir vu dans la région des bras et de l'avant-bras gauche une grande plaie saignante au milieu de laquelle il m'a semblé distinguer le radius mis à nu.

Après le tableau véridique des symptômes alarmants que je viens de décrire de mon mieux, je me suis cru autorisé à déclarer que cette malade était atteinte d'une rage aiguë furieuse et à annoncer sa mort naturelle pour le lendemain.

Présente à ma déclaration, madame Defresnes jeune, qui avait consommé la veille le lait de l'hydrophobe, se prit de frayeur et me conjura de lui dire quel danger elle courait. Il me fallut employer le ton le plus persuasif pour convaincre cette dame, déjà au désespoir, que le lait d'une femelle quelconque, fût-elle atteinte de la rage confirmée, au moment où l'on en ferait usage, serait tout à fait inoffensif.

Enfin, après avoir calmé et fait disparaître les craintes de madame Defresnes, je me retirai en conseillant de laisser l'animal malade dans l'écurie; de mettre à sa disposition sa boisson habituelle, quoiqu'il n'eût guère envie d'en faire usage, et de fermer les portes de façon à ce que personne ne pût y pénétrer, promettant de revenir le lendemain de bonne heure.

Désireux d'étudier une maladie qui, sans être rare, ne se voit pas tous les jours chez les ruminants, je me rendis de bon matin à Saint-Ouen, où j'appris avec regret que M. Defresnes, cédant aux prières de sa femme, effrayé lui-même et voulant abréger les douleurs de son animal, l'avait sacrifié la veille au soir. — Il me fut impossible de faire l'autopsie, car le cadavre était déjà enlevé.

Cette observation prouve une fois de plus que la durée de l'incubation de la rage chez les animaux est, comme chez l'homme, susceptible de grandes variations dont les causes nous sont encore inconnues. Jusqu'à présent nous ne possédons aucune donnée positive sur cette question, qui me paraît aussi difficile à expliquer au point de vue théorique que l'immunité. Dans l'observation précédente, l'animal fut inoculé le 5 février. Peu de temps après l'inoculation, le virus a dû être absorbé et emporté quelques minutes après ce dépôt du point où il avait été déposé (Expériences de Renault). Eh bien! où s'est-il logé, et pourquoi a-t-il attendu chez notre sujet six mois et dix jours pour venir porter le trouble dans ses fonctions cérébrales ?

INDIGESTION GAZEUSE COMPLIQUÉE DE GASTRO-ENTÉROPÉRITONITE AIGUE.

(Extrait de l'*Abeille médicale*, nº de février 1870.)

Dans les deux médecines, on se sert vulgairement du nom colique pour désigner indistinctement toutes les douleurs abdominales. La nosologie humaine en compte une nombreuse série. La vétérinaire est plus modérée et devrait l'être encore davantage. J'admets que le commun des mortels se contente de cette vague expression pour dépeindre le triste tableau que présente le cheval souffrant de l'abdomen ; mais je désire voir les hommes possédant des connaissances spéciales abandonner cette ancienne dénomination, qui indique improprement une maladie de côlon (on devrait dire colite) et qui jette de la confusion dans les différentes affections des organes abdominaux.

En désignant sous le nom unique de coliques, comme l'a fait M. Raynal dans le nouveau Dictionnaire pratique, les diverses maladies du tube digestif, il a, je le reconnais, simplifié de beaucoup les choses. Avec cette ancienne méthode née de l'ignorance, l'intelligence la plus obtuse arrive aisément à un diagnostic certain. Cependant il n'entre pas dans ma pensée qu'un vétérinaire, un peu soucieux de sa réputation et de l'intérêt de son client, se contente de diagnostiquer des coliques chez un cheval pris de douleurs abdominales. Admettons pour un instant qu'un praticien appelé auprès d'un malade porte ce trop facile jugement : quel devra être son pronostic ? quel traitement appliquera-t-il ? Je le vois bien embarrassé, s'il veut pronostiquer et traiter d'une manière rationnelle. Pour le tirer du mauvais pas où il s'est laissé aller, je ne lui conseillerai pas d'avoir recours à l'article cité plus haut. Je sais bien qu'on y a fait des réserves, qu'on a promis d'y revenir ; mais en traitant sous le nom commun et impropre de coliques toutes les affections de l'estomac et de l'intestin, sans oublier les organes urinaires, je crois qu'on a fait un article inutile pour le vétérinaire instruit, et nuisible pour l'étudiant.

On me dira peut-être qu'il n'est pas toujours facile d'établir une distinction bien nette entre les diverses maladies splanchniques, ni de préciser quel est l'organe ou la partie d'organe malade. Mais de ce que nous ne pouvons distinguer par les manifestations extérieures ni par nos investigations un égagropile d'une pelotte stercorale, un volvulus d'une hernie étranglée, s'ensuit-il que nous devions tout confondre pour après ne savoir à quoi nous en tenir sur le traitement à appliquer ?

Dans toutes les maladies qui apparaissent avec les symptômes d'une colite il est très-utile de porter un diagnostic raisonné, afin de prescrire plus promptement encore un traitement rationnel. Dans les cas difficiles, embarrassants, la meilleure méthode diagnostique est celle qui procède par voie d'exclusion. En la suivant et en s'entourant des commémoratifs, on ne doit pas s'éloigner beaucoup du point malade. Dans tous les cas ce qu'on ne doit pas négliger, après avoir porté un jugement certain ou douteux, c'est de faire la médecine des symptômes, c'est-à-dire de suivre la maladie pas à pas, afin d'entraver, si cela est possible, des complications qui peuvent, comme dans l'observation que je vais rapporter, occasionner très-rapidement la mort.

Le 20 septembre dernier, M. Vabre, négociant à Clichy, 134, route d'Asnières, fit atteler à une voiture légère un beau cheval hongre, demi-sang, sous poil noir, de taille moyenne, âgé de sept ans. Il était dix heures du matin et le cheval favori de M. Vabre, qui est amateur et connaisseur, venait d'achever une ration de son mêlé d'avoine. Il partit gaiement et fit dans Paris, avec sa rapidité habituelle, des courses qui furent terminées à trois heures. Un instant après son arrivée à l'écurie, il se mit à gratter le sol et chercha à se coucher. M. Vabre averti aussitôt, voyant son cheval préféré souffrir et se gonfler, le fait bouchonner, promener et lui administre quelques lavements émollients.

Pendant qu'on exécute ces premiers soins, je suis prévenu. J'arrive à quatre heures, une heure environ après le début du mal. Voici ce que j'observe : — L'animal se promène avec aisance : vu de loin, pendant la marche, il ne paraît pas malade; si on l'approche on voit le ventre ballonné; au repos il gratte tranquillement le sol, tantôt avec un membre, tantôt avec un autre ; de temps en temps il porte nonchalamment la tête du côté du flanc : — la respiration et la circulation s'exécutent comme à l'état normal; les muqueuses apparentes sont uniformément rosées, les reins souples; la percussion des parois abdominales ne donne pas de douleur; le ballonnement possède une moyenne tension, il est plus apparent du côté droit que du côté gauche; il n'y a pas de sueur; la chaleur est normale sur toutes les parties du corps. A l'écurie l'animal paraît souffrir davantage; il cherche de temps en temps à se coucher, ce qu'il ne fait pas dehors; pendant sa promenade il a uriné et fait des crottins bien moulés : la vessie est vide; le gros intestin, distendu par du gaz faisant hernie dans la cavité pelvienne, ne renferme aucune matière alimentaire.

La ration de son prise avant la course, le ballonnement apparu peu de temps après une douleur modérée, l'état normal de la respiration, de la circulation et des muqueuses, l'insensibilité à la percussion jointe à l'excrétion de l'urine et des crottins, me firent penser que j'avais affaire à une indigestion stomacale compliquée de productions gazeuses.

En conséquence j'ai cru devoir formuler l'ordonnance suivante : 1° administrez en une seule fois : infusion de thé vert 2 litres, éther sulfurique 25 grammes, laudanum de Sydh 5 grammes; mêlez; — 2° frictions de vinaigre chaud sur les reins et le ventre, bonne couverture; — 3° promenade et lavement.

Je me retire et prie mon client de me faire avertir dans une heure, s'il ne remarque pas un mieux sensible.

Peu de temps après l'administration du breuvage, on croit voir une atténuation du mal. Le ballonnement disparaît. M. Vabre s'absente. On néglige peut-être les quelques soins recommandés. Le mal redouble. On me prévient à huit heures. Alors les choses ont changé d'aspect. — La douleur est plus grande; l'animal se tourmente davantage, le ballonnement persiste; les oreilles, l'encolure et les flancs sont en sueur, la respiration est très-accélérée, le pouls est fort et vite, les conjectives sont fortement injectées ; la langue est chaude et sèche ; le ventre est douloureux.

J'ai cru avoir affaire à une entérite. J'ai pensé à une congestion du côté de l'intestin.

Imbu de ces idées, déduites des symptômes que j'observais, je pratiquai de suite une large saignée. Je fis administrer cinq cents grammes d'huile de ricin, et après deux frictions sur les quatre membres avec de l'essence de térebenthine pure, nouveau lavement, nouvelle promenade.

Je reviens à dix heures et trouve mon malade à l'écurie, debout, tranquille, la tête basse, éloigné de la mangeoire. Le ballonnement a disparu ; le ventre est sensible, très-douloureux à la percussion ; éructations fréquentes, vomissement de matières alimentaires par les deux nasaux (grains d'avoine, paillettes de son) ; pouls effacé, insensible ; respiration pénible, conjonctive rouge foncé, tremblements musculaires partiels ; extrémités froides ; sueur par tout le corps.

Je l'avoue, j'ai cru à une déchirure stomacale déterminant une péritonite suraiguë. Tentant un dernier effort et voulant amener la circulation à la périphérie, je fis sécher le malade par des frictions vigoureuses, après lesquelles je fis entourer le corps d'un large sinapisme, qui ne produisit aucun effet.

La chaleur diminue ; la faiblesse augmente. Que faire ? J'administre deux litres de fort café. Ce breuvage détermine une très-grande douleur ; la respiration devient plus accélérée et le pauvre animal écume de sueur. Je crois voir dans cette exacerbation des symptômes la preuve évidente d'une déchirure de l'estomac.

Désespérant du salut de mon malade, je m'en fus en conseillant des frictions sinapisées par tout son corps et en annonçant sa mort pour cinq à six heures du matin.

Depuis minuit jusqu'à cinq heures, il eut, au dire de M. Vabre, trois crises terribles, pendant lesquelles il écumait ; la troisième, arrivée vers cinq heures, fut suivie d'une courte agonie.

A l'autopsie nous avons rencontré le péritoine enflammé dans toute son étendue, principalement sur les intestins grêles, sur le cœcum et sur la courbure gastrique du gros côlon ; un peu de sérosité rougeâtre épanchée ; l'estomac ne présentait aucune déchirure : il était distendu outre mesure ; il contenait du gaz, du liquide médicamenteux, beaucoup de son et d'avoine ; sa muqueuse, normale du côté de l'œsophage, présentait une couleur brun foncé et était triplée d'épaisseur du côté du pylore : l'intestin grêle dans sa portion duodénale, était parsemé à l'extérieur de marbrures et d'arborisations vasculaires ; — au toucher cette partie paraissait plus épaisse qu'à l'état normal ; en l'incisant, il s'en écoulait un liquide rougeâtre ; sa muqueuse, brun foncé, plus que triplée d'épaisseur, contenait dans sa trame, comme celle de l'estomac, une grande quantité de sang épanché. Je n'ai remarqué rien de particulier dans les autres organes.

Ces lésions, plus que suffisantes pour expliquer la mort rapide de mon sujet, pouvaient-elles être prévues de son vivant et aurions-nous pu en entraver la marche ? Telle est la question que je me suis posée et que j'adresse aujourd'hui à mes confrères érudits. Si mon traitement n'a pas été approprié à la maladie décrite plus haut, qu'on me le dise : je suis tout prêt à profiter de la leçon à l'avenir.

Clichy. — Imprimerie Paul Dupont, rue du Bac-d'Asnières, 12.

www.ingramcontent.com/pod-product-compliance
Ingram Content Group UK Ltd.
Pitfield, Milton Keynes, MK11 3LW, UK
UKHW020220180726
13838UKWH00005B/2099